AF457423

EXTRAIT

DE LA

PHARMACIE VÉTÉRINAIRE;

PAR M. LE BAS,

Pharmacien Vétérinaire de S. M. l'EMPEREUR et ROI, etc.;

PRÉCÉDÉ

De quelques recherches sur l'Art Vétérinaire, sur Bourgelat, et particulièrement sur son Ouvrage, concernant les Élémens de Matière médicale.

(Article tiré du 8e Cahier de la Bibliothèque Physico-Économique, mois d'Août 1811.)

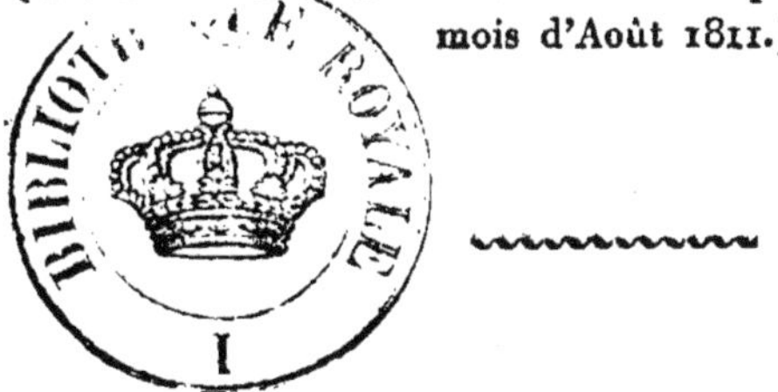

DE L'IMPRIMERIE DE Mme Ve JEUNEHOMME.

A PARIS,

Chez MARCHANT, Libraire pour l'Agriculture et l'Art Vétérinaire, rue des Grands-Augustins, n° 23.

1811.

EXTRAIT

DE LA

PHARMACIE VÉTÉRINAIRE;

PAR M. LE BAS;

PRÉCÉDÉ

De quelques Recherches sur l'Art Vétérinaire, sur Bourgelat, et particulièrement sur son Ouvrage, concernant les Élémens de Matière médicale.

Ces constans et utiles compagnons de nos travaux, que la force nous a soumis et que l'éducation nous conserve; dont les uns, par leur vigueur, suppléent à notre foiblesse ou allègent nos peines; dont les autres se dépouillent de leurs toisons pour nous vêtir, qui nous offrent dans leur lait ou dans leur chair, une nourriture aussi saine qu'abondante; les animaux domestiques, la principale richesse de l'agriculture, ont aussi, comme nous, leurs maladies.

Ils les voient se multiplier, se compliquer, s'aggraver par le régime auquel nous les soumettons, par les fatigues qu'on leur fait éprouver, par les travaux qui les énervent, la négligence dont ils sont trop souvent victimes, et la tyrannie qu'on exerce à leur égard.

Livrés à la nature, ils trouveroient dans leur instinct les moyens ou de prévenir ces maladies, d'en affoiblir l'intensité, ou d'en abréger la durée; mais dans l'esclavage, inséparable de l'état de domesticité, ce qui ne seroit la plupart du temps pour eux, qu'une indisposition légère et momentanée, devient une maladie grave. Par les salutaires effets d'un exercice modéré, ils retrouveroient la santé dans le repos ou dans l'adoucissement de leurs fatigues; mais l'avarice et la cupidité qui calculent, avec une sordide sollicitude, sur l'emploi et le prix de leur temps, s'alarmant d'une inaction momentanée, aiment mieux les excéder de fatigue, sauf à invoquer, à la dernière extrémité, les secours d'un art, quelquefois aveugle, et l'usage des médicamens souvent plus arbitraires ou dangereux.

Faisons un retour sur nous-mêmes. Sommes-nous plus sages? A proportion que les hommes se sont réunis en société, et en ont goûté les charmes, dans la même proportion, les arts et le luxe qu'ils entraînent insensiblement, l'attrait et la recherche des jouissances, l'abus immodéré des plaisirs a émoussé peu à peu notre vigueur originelle, a affoibli nos organes; et ce sont nos écarts, la nécessité de les réparer qui, en très-grande partie, ont créé la médecine, nécessité ses recherches, réclamé ses soins.

Au lieu d'assigner des bornes à notre intempérance en tout genre, aux impulsions et aux erreurs de nos passions, souvent notre crédule pusillanimité, plus souvent encore notre funeste impatience d'abuser de nouveau des bienfaits de la santé, ont invoqué des évacuans actifs, de préférence aux lenteurs de la diète, le plus assuré et le moins dangereux de tous. Tel, alarmé de la débilité de ses organes, aura recours aux restaurans ou aux irritans, dans le fol espoir de rappeler une vigueur qui puisse perpétuer des excès qui les rendent nécessaires.

Ainsi, si nous voulons y réfléchir, ce sont nos écarts, notre mollesse, nos passions, leurs prestiges, leurs abus, leurs résultats, la fureur de jouir, les regrets qui suivent nos jouissances, les violences faites à la nature qui se refuse à les satisfaire, qui ont multiplié les médecins éclairés, et encore plus les empiriques, qui de tout temps ont fondé leur fortune sur notre ignorance, sur nos alarmes et notre crédulité. L'homme de la nature, le sauvage, ne se doute pas même qu'il existe des facultés de médecine, des pharmaciens, et ils n'en sont que plus vigoureux. Bien plus endurcis que nos chevaux domestiques, contre les fatigues, contre la rigueur des élémens, les chevaux sauvages, les buffles des forêts de l'Amérique, les onagres, le mouflon, ce mouton sauvage dont le courage et la vigueur contrastent d'une manière si étonnante avec l'excès de dégénération de nos bêtes à laine dont il est le type primitif; bien d'autres animaux, livrés aux soins de la nature, n'ont pas besoin de ces écoles vétérinaires dont nos animaux domestiques ne sauroient se passer. Et comme dit Boileau :

> Entre les animaux, jamais un médecin
> N'empoisonna les bois de son art assassin.

Ce seroit tout autre chose pour eux, si, attachés à nos chars et à nos charrues, emprisonnés dans nos écuries ou nos étables, ils étoient soumis à l'éducation qu'on y donne, au régime qu'on y fait observer.

Mais n'exagérons rien; et quoiqu'il soit vrai que la plus grande partie des maladies des animaux est un funeste tribut qu'ils payent aux effets de la domesticité, il n'en est pas moins vrai qu'il en est d'autres qui tiennent à l'imperfection de leur organisation, à plusieurs accidens, aux variations de l'atmosphère, et à bien d'autres causes qu'il seroit inutile de rechercher. Heureusement pour eux, que quelques-unes de ces maladies ou de ces indispositions momentanées, trouvent des moyens curatifs dans la nature et dans l'application qu'inspire ce sentiment machinal, l'instinct que n'a pas encore éteint un esclavage domestique qui l'émousse à la longue.

L'autruche, lorsque le besoin l'exige, s'injecte elle-même avec le bec, le clystère qui doit la guérir ; elle calcule exactement le degré de chaleur de l'atmosphère, qui, au milieu des sables brûlans de l'Afrique, peut abréger la contrainte, où bien d'autres oiseaux se trouvent pour couver leurs œufs, sans relâche. L'hippopotame, dit-on, se fait des entailles pour diminuer la masse d'un sang trop épaissi ou trop raréfié. C'est ainsi que machinalement nous dégorgeons nos gencives trop pleines ; heureux, si, dans bien d'autres circonstances, un sentiment rapproché de l'instinct des animaux, nous éclairoit aussi bien qu'eux!

Le chien n'a besoin de personne, pour trouver le graminée qui doit soulager son estomac. Le mouton, la vache ont leur botanique particulière, pour discerner les plantes qui leur sont favorables, de celles qui leur sont funestes. Et cependant, pourquoi ce même instinct, si infaillible dans tant d'occasions, est-il en défaut dans un herbage, une luzernière, un trèfle couvert de rosée? C'est alors qu'on sent le besoin d'invoquer les lumières de la science vétérinaire, sans laquelle ces animaux seroient bien souvent les victimes de leurs erreurs. C'est dans de pareilles circonstances qu'on connoît le prix de l'observation et de l'expérience.

On a senti la nécessité de les invoquer dans tous les siècles, pour en faire la base des principes qui pouvoient amener d'utiles résultats ; mais combien ont été lentes ces leçons d'une expérience assez constante, assez multipliée, pour fixer les incertitudes et garantir, dans des cas semblables, d'utiles résultats?

Pour les obtenir ces résultats, que d'essais, de tâtonnemens, de comparaisons, d'observations! L'on exposoit souvent les malades dans les places publiques, pour solliciter des lumières qui pouvoient être utiles. Les moyens curatifs étoient dépeints sous différens emblêmes et hiéroglyphes, ou inscrits sur les murs des temples. Les médecins rapprochoient ces faits, ces traditions, de leurs observations journalières; et c'est de cette série d'expériences qu'Hippocrate, à l'île de Cos, forma ce corps admirable de doctrine qui a franchi l'intervalle de plus de vingt siècles, pour exciter notre admiration et notre reconnoissance.

Il ne dédaigna pas même de s'occuper des animaux dont la conformation a tant de rapports avec la nôtre, malgré les idiosyncraties qui ne permettent pas de les confondre; mais comme ils n'excitèrent pas un assez vif intérêt, pour être l'objet des recherches et des méditations de la science, il n'en fit pas une étude suivie.

On les livroit aux habitudes de la routine et du préjugé, aux conjectures et aux erreurs de l'empirisme, et la science hippiatrique ne fut pas plus éclairée pour Bucéphale qu'elle ne le devint ensuite pour Rossinante et Grison.

Dans la simplicité des premiers siècles de la république romaine, les propriétaires étoient à la tête de la culture de leurs domaines; les mains triomphales des dictateurs qui ennoblissoient la charrue, soignoient les animaux à laquelle ils étoient attelés; chaque propriétaire étoit leur médecin vétérinaire, s'éclairoit de sa propre expérience, ou de celle de ses voisins.

Mais lorsque le luxe entraîna avec lui le dégoût des plaisirs champêtres, ces soins furent le partage des esclaves; on les laissa même en possession d'exercer la médecine humaine, et, par une contradiction inconcevable, on confia ce qu'on avoit de plus précieux, le soin de sa propre vie, à des êtres méprisés, que l'opinion couvroit souvent d'opprobre et d'infamie; confiance plus qu'impolitique, quoiqu'il ne soit pas fait mention qu'aucun esclave en ait abusé.

Dans la suite, les auteurs géoponiques ne purent pas traiter de l'art agricole, sans s'occuper nécessairement de ces instrumens vivans, sans lesquels il ne sauroit prospérer. Faute de connoissances nécessaires, d'études approfondies, on recueillit, presque sans examen, tous les documens, toutes les recettes, les formules qui pouvoient concerner la santé des animaux et leurs maladies; de là tant d'erreurs, de préjugés consignés dans *Columelle*, *Végèce*, *Caton*, etc.

Ils obtinrent plus de confiance, annoncés et

accrédités par Pline. Il étoit fait pour entraîner les esprits par son grand talent, par sa vaste érudition; mais il adoptoit trop facilement tout ce qu'il avoit lu ou entendu dire. Il laissera toujours désirer une logique plus saine qui eût prévenu plusieurs contradictions, une critique plus éclairée qui n'eût pas adopté tant d'opinions hasardées. Charmant compilateur, il séduit par son style enchanteur, intéresse même par ses erreurs et par ses fables; sous sa brillante plume, elles ont quelque chose de plus séduisant que les vérités qu'entassent nos intarissables compilateurs, et qui, avec eux, perdent si fort de leur mérite, par la sécheresse et la barbarie d'un style qui en affoiblit les attraits.

Ces erreurs en médecine vétérinaire nous ont été transmises par des traducteurs, et sont parvenues jusqu'à nous, confondues avec quelques rares vérités.

Le croira-t-on, cette science, surtout pour ce qui concerne les troupeaux, fut regardée ensuite comme le partage de la profession de berger, et la crédulité en vint au point de regarder comme sorciers des gens dont l'esprit et la raison se dégradoient ordinairement, ou s'affoiblissoient dans l'oisiveté, et par l'habitude de ne vivre qu'avec des troupeaux. C'est bien le cas de répéter, après Voltaire, que ceux qui les traitoient de sorciers, l'étoient bien peu eux-mêmes.

Les bergers se virent ensuite rivalisés par les maréchaux ferrans. Assurément du talent mécanique d'approprier la corne d'un cheval ou d'un bœuf, de forger un fer et de le clouer, il y avoit bien loin à des connoissances de physiologie, de pathologie, de thérapeutique, de semiotique, d'hygienne, de clinique et du reste de l'encyclopédie médicale vétérinaire; mais qu'importe? C'étoit leur prétention, leur enclume au-dedans de la forge, et le travail au-dehors de leur boutique leur tenoient lieu de brevet de vétérinaire.

Cependant ceux d'entr'eux qui étoient le plus instruits, quelquefois les plus intrigans, cherchèrent à tracer une ligne de demarcation, et prétendirent établir une distinction tranchante entre les maréchaux ferrans et les maréchaux médecins ou vétérinaires. Ils mirent autant de prétention à tâter l'oreille d'un cheval ou d'un mulet, qu'un médecin à juger au mouvement du pouls, les symptômes d'une maladie; ils en vinrent jusqu'à ânonner le grec et le latin, ou à les estropier, sans pouvoir parler, encore moins écrire, dans leur propre langue; et la science, sauf quelques exceptions bien rares, ne fit pas des progrès bien marquans. Elle se ressentoit du peu d'éducation d'une très-grande partie de ceux qui l'exercoient.

On sent bien qu'il n'est pas nécessaire que j'en excepte *Lafosse*, cet homme dont la réputation honore le nom français dans toute l'Europe;

dont l'ouvrage est l'objet d'un premier prix dans les écoles vétérinaires ; dont les vastes connoissances et la considération qu'elles lui acquirent de la part des souverains qui vouloient le fixer dans leurs états, feront rougir, s'il est possible, l'envie ou l'intrigue, qui ne parviendra jamais à les obscurcir.

J'en excepte également *Chabert*, cet homme né avec de grands talens naturels, que *Bourgelat* devina et sut apprécier, en l'arrachant à l'obscurité de la forge, en l'associant à ses vues utiles, à ses travaux, en mettant à profit ses connoissances pratiques et son expérience, en le désignant comme son successeur, dans la direction de l'Ecole d'Alfort, où il eût fait encore plus de bien, si les circonstances le lui eussent permis. Il fut toujours simple, toujours passionné pour tout ce qui étoit utile ; sans ambition, encore plus éloigné de tout esprit d'intrigue, les honneurs, les distinctions vinrent le chercher, parce qu'elles furent le prix de l'opinion et de l'estime générale dont il étoit et est encore investi.

C'est vers cette époque que paroissent s'élever les vrais fondemens de la science vétérinaire, qui par les progrès qu'elle a faits jusqu'à nos jours, annonce la plus heureuse révolution à cet égard. Vers ce temps, *Soleyssel*, à Paris ; *Ramazyeni*, à Padoue ; *Naalwick*, en Hollande ; *Ruïni*, à Boulogne ; *Winter*, à Nuremberg, annonçoient avec quel succès on pouvoit secouer les erreurs de la routine; et *Bourgelat* trouva son siècle assez mûr, pour préparer celui qui alloit le suivre, au perfectionnement d'un art qu'il avoit eu la louable ambition de créer et pour le succès duquel il ne négligea rien.

Son nom sera, sous tous les rapports, un objet d'émulation et de reconnoissance. Distingué d'abord par ses talens, comme avocat, il abandonna le barreau avec humeur, honteux d'avoir gagné une mauvaise cause, plus inconsolable encore d'en avoir perdu une excellente.

Possédant une fortune bornée, il ne trouva plus d'obstacle à son goût pour le cheval ; il se livra uniquement à son étude ; devint par les vastes connaissances qu'il sut acquérir non seulement le plus grand écuyer, mais le meilleur hippiatre de son temps ; et l'Europe entière ne tarda pas à se rendre propres ses ouvrages, par des traductions dans les différentes langues.

Sa grande réputation, l'autorité de son nom, l'amitié de Bertin, alors ministre, fortifiée par l'ascendant de l'opinion générale, redoublèrent le désir qu'il avoit depuis fort long-temps d'établir des écoles vétérinaires. Il obtint la permission d'en former une à Lyon, il la créa à ses dépens, avec un désintéressement qui ne voyoit dans le sacrifice qu'il faisoit, que le bien qui pourroit en résulter. Bientôt le gouvernement institua l'Ecole royale d'Alfort, dont *Bourgelat* fut le directeur. Elle vit après sa mort *Broussonnet* et

Daubanton donner des leçons d'économie rurale; *Vicq d'Azir*, d'anatomie comparée ; *Fourcroy*, de chimie etc. Elle vit aussi différens corps de cavalerie envoyer des officiers qui venoient étudier sous ce grand maître l'art de former, de conduire et soigner le cheval.

Cette Ecole naissante dut cet éclat à la réputation et à la vogue que lui avoit obtenues *Bourgelat*, à l'émulation qu'il avoit inspirée et récompensée dans ses élèves, aux prix qu'il leur décernoit, aux brevets honorables qu'il leur faisoit accorder par le roi, en inscrivant honorablement leurs noms dans une liste, avec des notes flatteuses, se contentant de nommer ceux qui n'ayant pas mérité cette distinction, laissoient présumer qu'ils *pouvoient servir utilement dans leurs provinces* (1).

Le gouvernement fit imprimer à ses frais, à l'imprimerie royale, déposer à l'Ecole d'Alfort, et distribuer gratuitement aux éleves et aux amateurs, les différens ouvrages de *Bourgelat*, devenus la propriété de l'état, qui accorda dans la suite des pensions à leur auteur, à sa veuve, et dota sa fille unique.

(1) Voyez les *Réglemens pour les Écoles royales vétérinaires de France*, 1 vol. in-8°. A Paris, de l'Imprimerie Royale, 1777. D'après une note imprimée et collée à la couverture du livre, il est indiqué à Paris, chez Huzard, imprimeur-libraire, rue de l'Éperon, n° 11, quartier Saint-André-des-Arts.

Mais de tous ses ouvrages, celui qui a le plus de rapport à l'objet que je traite, est celui qui a pour titre : *Élémens de l'Art vétérinaire, Matière médicale raisonnée*, ou *Précis des médicamens considérés dans leurs effets, à l'usage des élèves des Ecoles vétérinaires, avec les formules médicinales et officinales des mêmes Ecoles*. Il fut d'abord imprimé, à Lyon, chez J. M. Bruysset, et eut deux éditions.

Cet ouvrage laissa alors bien loin de lui tous ceux qui l'avoient précédé. On y vit un homme, qui n'avoit pas fait dans sa jeunesse une étude particulière de la médecine, devenir un grand médecin, par la force de son talent, par son éducation et son zèle, dans un âge avancé. Il se lia avec Poutant, un des plus célèbres chirurgiens de son temps, avec le docteur Charmeton, et secondé par ces deux savans, rempli de la lecture de tous les auteurs anciens et modernes, il se livra pendant un grand nombre d'années à la dissection du cheval et des autres animaux domestiques. Aidé de son fidèle Chabert, il chercha à s'instruire de la cause de leurs maladies, des résultats plus ou moins favorables des médicamens qu'il leur administroit.

Il ne se proposoit rien moins que de créer pour ses éleves une science pathologique et thérapeutique, ouvrage immense qu'il eut presque seul avec Chabert la gloire d'ébaucher avec succès, et qui a plus fait pour l'émulation, que tout ce qu'avoient produit les siècles qui l'avoient précédé. Ce n'est que par comparaison qu'on peut apprécier le mérite de cet ouvrage : que d'erreurs il a corrigées ! que d'appas il a donné à l'instruction ! que de moyens, pour la perfectionner ! On a fait sans doute depuis lui de grandes découvertes, mais il les a souvent prévues, indiquées, ou préparées ; il les eût étendues et surpassées, s'il eût eu une plus longue carrière à parcourir, s'il eût pu s'éclairer de ce que la science a offert de transcendant depuis lui ; car combien l'intervalle de cinquante ans a ajouté à l'étendue des vérités, a rectifié des systêmes hazardés, a corrigé des erreurs !

C'étoit il y a environ un demi-siècle un excellent livre classique sous bien des rapports et qu'on consultera avec fruit dans tous les temps ; mais pour le rendre utile et véritablement élémentaire, en ce moment, il eût fallu reprendre l'ouvrage en sous œuvre, si je puis m'exprimer ainsi ; avec les connaissances acquises de nos jours, parler la langue adoptée pour les exprimer, et mettre de niveau avec le siècle actuel, l'ouvrage qui fut reconnu le premier de celui qui vient de nous précéder ; faire parler à Bourgelat le langage des Vicq d'Azir, des Cuvier ; de nos savans professeurs des Ecoles vétérinaires, au lieu de le rejeter loin de nous, vers l'époque où Garsault commença à écrire ; conserver à ce livre élémentaire, ce dégré d'utilité qui l'avoit distingué d'abord. C'étoit un sûr moyen d'être utile, de s'associer, en quelque sorte, à la réputation de Bourgelat, en passant sous silence quelques erreurs, en les rectifiant d'après les principes d'une pratique solide, en ajoutant avec un discernement éclairé, tout ce qui pouvoit augmenter le mérite de ce livre classique, sans le grossir inutilement d'articles insignifians; c'eût été un bel hommage à rendre à l'illustre fondateur des Ecoles vétérinaires, et tel n'est pas, à beaucoup près, le *Bourgelat* que nous a donné M. Huzard dans une quatrième édition en deux volumes. Ils devoient être distribués aux frais du gouvernement aux élèves; mais en Ventôse an 13 (an 1805) ils ne reçurent que le premier volume, avec un bon imprimé à valoir sur le second, qui ne parut que vers le mois de Mars 1808.

Je m'arrête sur ce fait, qui pourroit donner lieu à quelques réflexions; elles n'ont aucun rapport à l'objet que je me propose. Tout ce que je puis dire, c'est que ceux des élèves partis dans l'intervalle, de l'Ecole, pour les différens corps ou pour les départemens, sans que leurs bons aient été remplis, n'y ont pas perdu grand chose.

On peut s'en convaincre par le simple aperçu qu'offre de ce second volume M. *Grognier*, professeur à l'Ecole impériale vétérinaire de Lyon, dans sa *Notice historique et raisonnée sur*

Bourgelat (1). Cet auteur consacre un article entier sur la matière médicale; envisage l'édition donnée par M. Huzard sous plusieurs rapports, et la juge avec ce ménagement qui adoucit et rend utile la critique, mais avec cette franchise qui n'a pas paru déplaire à M. Huzard lui-même, puisque c'est chez lui que se vend l'ouvrage de cet utile professeur.

Il termine ce long article ainsi : « *L'ouvrage* » *dont je viens de rendre un compte succinct ne* » *sauroit donc rester plus long-temps dans l'ensei-* » *gnement vétérinaire; non seulement il fourmille* » *d'erreurs, mais encore sa forme n'a rien de clas-* » *sique. Le style dont il est écrit est lourd et* » *embrouillé; ce n'est pas là le style de* Bourgelat. » *Il est difficile d'écrire avec clarté, lorsqu'on traite* » *un sujet sur lequel on n'a pas des idées bien* » *claires.* »

Je conçois l'embarras non seulement de ce professeur, mais de tous les autres qui se trouvent partagés entre le ménagement qu'ils doivent observer, et la nécessité d'instruire et d'éclairer leurs élèves.

Cette considération faisoit désirer un ouvrage simple, méthodique, classique sur la matière médicale vétérinaire, ouvrage qui prémunît les

(1) Un vol. in-8°. A Paris, chez madame Huzard, rue de l'Éperon-Saint-André-des-Arts, n° 11, et chez Arthus Bertrand, libraire, rue Hautefeuille, n° 23.

élèves contre les erreurs fréquentes consignées dans un livre prétendu élémentaire. Cette heureuse révolution a été opérée par *la Pharmacie vétérinaire, chimique, théorique et pratique* de M. Le Bas, pharmacien vétérinaire de S. M. l'Empereur et Roi.

Membre distingué du ci-devant Collége de pharmacie, livré dès sa tendre jeunesse à l'étude de la chimie, il a étudié la nature des médicamens, analysé les élémens qui les composent, les principes qu'ils renferment, leurs vertus, les effets qu'ils produisent; et c'est une bien grande avance pour parvenir à indiquer leur application, diriger leur emploi, en prescrire ou modifier l'usage.

Indépendamment des connoissances qu'il a acquises sur plusieurs parties de la science vétérinaire, il a fortifié son expérience de celle des professeurs de l'Ecole d'Alfort, de plusieurs autres vétérinaires instruits, des artistes répandus dans un grand nombre de départemens, ou attachés aux dépôts, ou aux corps de cavalerie. C'est à lui principalement qu'ils devront l'art de simplifier les formules, de préparer les médicamens, d'en prescrire les doses exactes, de manière à en obtenir l'effet désiré, à se garantir des suites funestes que peuvent entraîner leurs excès, et à purger la pharmacopée de tant de prescriptions insignifiantes ou sans effet.

Il affranchit par-là l'art des abus de cette

« poly-pharmacie, comme le dit le savant Parmentier, si effrayante à la vue, d'un étalage de » formules compliquées, enfant de l'ignorance, » qui met à contribution les productions des deux » mondes, comme s'il s'agissoit de satisfaire l'imagination. On n'accroît pas les ressources médicales, ajoute-t-il, par la multiplicité des remèdes; *la richesse en ce genre est une véritable » pauvreté*... Il dit ailleurs : « Il est des auteurs » qui ont entassé les recettes dans d'énormes » compilations, et ont prétendu communiquer » toutes les propriétés à leurs remèdes, en y faisant entrer toutes les drogues (1). »

C'est cette complication de remèdes dans un grand nombre de formules, que Bourgelat ni son éditeur n'ont point su éviter. Les bornes des connoissances, à cet égard, forcèrent Bourgelat de recourir aux livres de matière médicale humaine, d'après les rapports qui existent entre les animaux et l'homme, sans faire attention aux idiosyncraties qui peuvent les distinguer. Ce fut dans les pharmacopées relatives à l'homme, dans celles de Londres, de Baumé principalement, qu'il puisa beaucoup de formules, se contentant d'en tripler la dose pour le cheval, de la quintupler pour les ruminans. A ce sujet M. Grognier assure, qu'on peut lui reprocher « d'avoir fixé le maximum de ses doses bien au-

(1) Discours prononcé à l'Ecole impériale d'Alfort.

» dessous de ce qu'exige, pour l'ordinaire, l'in-
» dication, surtout dans la médecine des bêtes
» à corne. »

Quelle différence dans la Pharmacopée du pharmacien vétérinaire de l'Empereur ! Les prescriptions sont simples ; souvent il lui eût été possible de les compliquer, en ajoutant aux remèdes qu'il indique, des remèdes dont les effets sont à peu près analogues ; mais il s'en est abstenu, à moins que la vertu de l'un ne lui parût nécessaire pour développer, activer ou pallier l'action de l'autre. On voit donc qu'il s'est imposé la tâche de diminuer le nombre des remèdes, avec autant de soin, que M. Huzard a cru qu'il y avoit du mérite à les multiplier, sans nécessité réelle.

Ce dernier dit dans une préface : « On ne
» trouve dans les premières éditions de Bour-
» gelat que l'*histoire* d'environ cent substances :
» plusieurs *sont chères*, et ne s'emploient pas
» dans la médecine vétérinaire. On en trouvera
» dans cette nouvelle édition environ *trois cents*,
» *et il n'en est pas une dont les vertus et les effets*
» *n'aient été constatés plusieurs fois*, DANS *les*
» *divers animaux* ». (Je crois qu'on a voulu dire *sur*, à moins qu'on n'eût ouvert tous ces divers animaux, ce qui n'est pas présumable.

Quelle immensité d'expériences ne suppose pas une pareille assertion, dit encore M. Groguier ! « Comment concevoir que dans un petit
» nombre d'années, durant lesquelles les con-

» tinuateurs de Bourgelat ont, disent-ils, cons-
» taté les vertus et les effets de tant de subs-
» tances médicinales, toutes les maladies qui les
» indiquent se soient présentées à leur pratique,
» qu'elles s'y soient présentées plusieurs fois,
» sur différentes espèces d'animaux, etc., etc.
» Ces expérimentateurs sont-ils bien certains
» qu'aucune circonstance particulière n'a point
» influé sur les résultats ?

» Je pourrois, ajoute-t-il, pousser plus loin
» ces réflexions ; j'en ai assez dit pour inspirer
» des doutes, etc. » Il n'est pas possible de mettre plus de modération dans la manière de réfuter une assertion qui ne tend à rien moins qu'à mettre en vogue environ trois cents substances médicinales.

Un autre avantage de l'ouvrage du pharmacien vétérinaire de S. M. l'Empereur, c'est que les remèdes qu'il indique ne sont pas d'un prix élevé ; on peut s'en convaincre par celui qu'il met aux médicamens qu'il propose, et qu'on lui demande des différentes parties de la France; par celui des substances médicales de l'Ecole impériale d'Alfort, dont il a pris la fourniture au rabais ; par le suffrage général de la France vétérinaire et des étrangers qui s'adressent à lui.

M. Huzard déclare aussi qu'il a soin de ne point indiquer des remèdes *très-coûteux*. Parcourons son livre et jugeons. Quel prix met-il donc aux substances exotiques qu'il prescrit, telles que la muscade, l'huile de muscade, le cacao, le beurre de cacao, l'eau de fleur d'orange, l'eau de Luce, de la reine d'Hongrie; le baume du Pérou, le stirax calamite, l'huile volatile de coriandre, dont il n'auroit pas un hectogramme pour 100 fr., etc. etc. Que ne coûteroit pas un cheval traité par l'usage de ces drogues?

Il faut observer qu'il n'est pas un seul remède dont le pharmacien vétérinaire de l'Empereur ne puisse garantir, sinon les succès, du moins les effets.

Mais, de bonne foi, comment offrir comme utiles les prétendues substances médicamenteuses administrées intérieurement, comme les écailles d'huitres, les coquilles d'œufs, de bol d'Arménie de Blois, la terre sigillée, l'os de sèche, le plâtre, la craie, qui, déclarés généralement insolubles dans les humeurs des animaux, et n'éprouvant aucun changement, sont exactement sans action curative?

Dans sa pharmacie vétérinaire, M. Le Bas a l'attention de présenter les plantes médicamenteuses sous leur nom français et leur dénomination botanique.

Je ne sais pourquoi M. Huzard donne la préférence à des noms vulgaires, souvent peu connus, sur ceux qui sont consacrés par l'usage botanique. Je cite les premiers qui se présentent : *herbe aux cueillers*, pour *cochléaria*; le *doronic*, qu'il désigne par *arnica montana*, au lieu de l'*arnique de montagne ;* le *dompte-venin*, pour l'*asclépiade*. Cette dernière dénomination peut même induire en erreur. M. Huzard, d'après les anciens préjugés, la déclare alexipharmaque, qualité qui, d'après son vocabulaire, ne diffère point de celle d'alexitère. Voici ce qu'en dit M. *Du Mont de Courset:* « Cette plante » avoit autrefois la réputation d'être alexitère ; » mais elle a beaucoup perdu de ses vertus dans » ce siècle éclairé, et l'on pense même que loin » d'être salutaire, elle peut être dangereuse (1). » M. Huzard n'auroit-il pas dû abandonner les dénominations de *trique-madame*, de *pain à coucou*, de *garde-robe*, de *curage*, *de pétun*, etc., employés dans des livres oubliés ? Falloit-il, dans un ouvrage offert comme élémentaire, ajouter à l'étendue et à l'obscurité de nos synonymies actuelles en botanique, en l'augmentant par des synonymies barbares, dignes de la source où on les a puisées ?

Les grands progrès qu'a faits la chimie vers la fin du dernier siècle, ont fait sentir la nécessité de lui faire parler un langage plus approprié à l'état de la science. Sa nomenclature étoit vague, insignifiante ; on lui en a substitué une aussi simple que lumineuse. La seule désignation d'un corps composé en fait connoître la

---

(1) *Botaniste - cultivateur*, dernière édition, tome 3, page 290.

nature, les propriétés, les caractères identiques du genre, les caractères et propriétés particulières à l'espèce; elle indique même jusqu'aux modifications dont chaque espèce est susceptible.

M. Huzard ne paroît point s'être toujours occupé de parler le langage actuel de la chimie, qui est cependant indispensable dans un livre classique pour des élèves qui suivent un cours de cette science.

Dans le premier volume de ses élémens, tous les articles du vocabulaire sont d'après la nomenclature chimique moderne; d'où vient que dans le second ce n'est plus cette uniformité de langage? C'est que ce vocabulaire a été fait en l'an 13 par M. *Dupuis,* professeur de matière médicale, de botanique et de chimie pharmaceutique, à l'école d'Alfort, et que lorsque M. Huzard publia le second, environ trois ans après, il vola de ses propres ailes, ou fut abandonné à ses propres forces; de là ces disparates, ce mélange d'expressions de l'ancienne et moderne chimie; ce qui justifie le jugement qu'on a porté de cet ouvrage, en disant: qu'il est bien difficile de traiter un sujet sur lequel on n'a pas des idées bien claires. C'est cette clarté, cette précision d'un langage constamment le même, qui ajoute encore à la supériorité du livre du pharmacien vétérinaire de l'empereur, sur *les Elémens de Bourgelat,* sortis des mains de M. Huzard. L'un, s'est bien gardé de dérouter l'élève par une nomenclature différente de celle qu'on emploie à l'école, et l'autre s'expose à se faire juger par ce même élève.

Prenons pour exemple le mot ALCALI dans l'un et dans l'autre.

M. Le Bas distingue des alcalis de trois espèces, savoir : le minéral ou soude, sel formé par la combinaison de l'alcali marin avec l'acide carbonique ; le végétal ou potasse, qui est une terre calcaire plus ou moins saturée d'acide carbonique ; l'alcali volatil concret (carbonate d'ammoniaque), qui est le résultat de la combinaison directe de l'acide carbonique avec l'ammoniaque, et enfin l'ammoniaque, qui est le produit de la décomposition, soit naturelle, soit artificielle, des corps organisés, particulièrement des animaux. Les deux premiers sont fixes, l'ammoniaque est volatil.

M. Huzard désigne les alcalis comme substances simples, et dit que ceux qu'on emploie le plus souvent dans la médecine des animaux, sont la potasse, la soude, et l'ammoniaque, qu'on peut aisément réduire en vapeur. Il ne nomme pas l'alcali concret.

D'après la chimie moderne, le pharmacien vétérinaire de Sa Majesté distingue l'alcali fixe minéral, sous la dénomination de carbonate de soude, l'alcali fixe végétal sous celle de carbonate de potasse, ou de potasse pure, ou potasse à l'alcool, ou de potasse caustique rendue telle par l'addition de la chaux qui la prive de son acide carbonique, etc. *Voyez* ces mots.

M. Huzard néglige ces observations, et ne s'occupe que des *vertus des alcalis fixes et volatils,* désignés comme tels dans l'ancienne chimie, sans mentionner les modernes dénominations. Il ne s'est plus occupé que de leurs propriétés et de leur application. Il annonce que » les *alcalis fixes* sont fondans, atténuans, in» cisifs, sudorifiques, *absorbent les aigres*, sont » âcres et caustiques. »

Mais, lui dira son élève, de quels *alcalis fixes* parlez-vous? Est-ce du carbonate de soude? de celui de potasse? est-ce de la potasse pure? est-ce de celle à l'alcool? est-ce de la soude ou de la potasse de commerce, qui ont des effets si variables, d'après les lieux d'où elles nous viennent, d'après la manière de les préparer, les altérations qu'elles ont éprouvées, soit par l'air, soit par d'autres causes?

On lui fera la même objection relativement à ce qu'il appelle, d'après l'ancienne dénomination, l'*alcali volatil fluor* (l'ammoniaque); cette substance gazeuse a, au pèse-liqueur de Baumé, depuis 16 jusqu'à 21, 22 ou 24 degrés. On peut lui demander à quel degré de concentration prescrivez-vous cet alcali volatil? sans cela il est impossible de se guider dans la pratique, et de ne pas se trouver exposé ou à manquer l'effet qu'on se propose, si l'ammoniaque n'est pas assez concentré, ou à faire beaucoup de mal s'il l'est trop.

Dans ce même article, M. Huzard nous dit qu'en général les alcalis fixes se donnent pour le cheval et le bœuf, depuis huit grammes (deux gros), jusqu'à demi hectogramme (une once et demie), et pour le mouton, depuis deux grammes (trente-six grains) jusqu'à douze (trois gros).

Voudroit-il garantir la vie d'un cheval, à une dose d'une once et demie, et même moins, de potasse pure, ou d'alcalis fixes bien purs, tels qu'il les désigne, tome 2, page 30? N'eut-il pas dû au contraire prémunir ses élèves contre l'emploi intérieur de ces remèdes dangereux, dont l'effet peut être de cautériser l'estomac à petite dose, ainsi que des expériences authentiques l'ont prouvé plus d'une fois?

Passe, de traiter avec du cacao, ou de son beurre, les chiens et les perroquets; d'autres animaux avec du girofle, de la muscade, du macis, de l'huile volatile de coriandre; de l'esprit de vipère; passe de donner aux chevaux, etc., de la craie, des écailles d'huitres, des coquilles d'œufs, des cloportes, des colimaçons, et autres remèdes sans effets; au moins on est sûr de gagner du temps, qui est souvent le meilleur des médecins vétérinaires; mais de l'alcali volatil fluor à la dose de douze grammes à la fois! cela passe la plaisanterie.

Je ne parle pas du style du second volume des élémens de Bourgelat, par M. Huzard; ses élèves même l'ont jugé. Que dire d'une *odeur* forte, piquante, âcre, *qui picote les yeux*? des lieux *gâtés* par des vapeurs putrides? d'une boisson qui *matte* le mouvement du sang? des acides qui corrigent la crudité de l'eau et *dissolvent la vase dont elle est imprégnée*? qui ajoutés dans l'eau fraîche, sont un *défensif* et un *répercussif* très-bon? des ulcères dont les chairs *pèchent par laxité*? d'une lymphe qui *engoue* les bronches et les vésicules pulmonaires? des remèdes qui agissent *du centre*, *à la circonférence*? *des délabremens* dans les articulations? des conseils d'étudier les médicamens d'après l'*appareil alimentaire* que présente chaque classe d'animaux domestiques? des viscères dont la *texture* pèche par *laxité*? de la *protusion des dents*? de la coraline vermifuge employée DANS *le chien*? d'une humeur qui, par son propre poids, *enfile* l'œsophage, et *se trouve déglutie*? de l'eau arsenicale employée pour *moriginer* les fongosités des ulcères? *Moriginer* n'est pas français.

Je n'insiste pas davantage; qu'on compare actuellement tous les articles de la pharmacie vétérinaire de M. Le Bas, et on jugera du degré de supériorité que son ouvrage a sur celui que je lui compare. Le style en est clair, méthodique, correct.

Je cite entre autres l'article *médicamens*, de M. Le Bas. On y trouvera un auteur profond, rempli de son sujet, maître de la matière qu'il traite, rendant la science utile, intéressante par sa logique, agréable par le mérite de l'expression, lumineuse par les différens rapports sous lesquels il considère les médicamens. C'est, j'ose l'assurer, la plus excellente introduction à un traité quelconque de matière médicale.

Aussi regarde-t-on l'ouvrage du pharmacien vétérinaire de S. M. l'empereur et roi, comme une production neuve, qui n'avoit pas de modèle dans l'art vétérinaire, qui en servira, en faisant une heureuse époque. Il ne craint point l'examen de la critique; au contraire, il la sollicitée pour faire mieux sentir le mérite d'une production qui est le fruit d'une expérience journalière, de son zèle pour l'instruction des élèves; ils ne sauroient lui reprocher d'avoir fait, par son ouvrage, une spéculation dispendieuse de librairie.

Quelques personnes auroient désiré que ce dépôt des connoissances eût une marche plus conforme à l'instruction. L'ordre alphabétique, si commode pour les recherches et les vérifications, n'offre pas un plan méthodique, un traité élémentaire qui puisse guider pas à pas l'élève qui entre dans la carrière. Il a bien de la peine à saisir le fil qui lie les articles les uns aux autres; mais il n'en est pas moins vrai qu'il peut ranger tous ces articles suivant l'ordre successif des idées.

M. Le Bas avoit prévu cette objection, la seule qu'on puisse lui faire. « Aussi nous nous » proposions, dit-il, d'indiquer cet ordre par » un tableau figuré; M. Dupuy, professeur à » l'Ecole vétérinaire d'Alfort, nous a dispensés » de ce travail; il a bien voulu permettre que » le programme de ses cours fût imprimé à la » suite de notre ouvrage. Sa classification des » corps médicamenteux et des opérations chi- » miques et pharmaceutiques rentre exactement » dans notre plan; elle ne diffère en rien de » celle que nous avions adoptée. » Il ne reste donc plus à l'élève que le soin d'établir cet ordre dans la marche des idées; j'ajoute que ce travail lui sera d'autant plus utile, qu'il aura un moyen assuré de se rendre propres les utiles leçons répandues dans cet ouvrage.

D'ailleurs il y a tout lieu d'espérer que M. Le Bas ne s'arrêtera point en si beau chemin; il est à désirer qu'il réunisse ses connoissances et ses talens à ceux de M. Dupuy, afin que, suivant l'excellent plan qu'offre le programme de ce dernier, il en résulte, suivant l'ordre des matières, un livre élémentaire vraiment classique, qui n'offre que des remèdes simples, dont le succès soit confirmé par l'expérience, garanti par de bons praticiens, et non de ces remèdes adoptés de confiance et qui n'offrent d'autre garantie que celle des auteurs qui n'ont cherché qu'à grossir des volumes, desquels l'opinion et la science n'ont pas tardé de faire justice.

CALVEL.

FIN.

www.ingramcontent.com/pod-product-compliance
Ingram Content Group UK Ltd.
Pitfield, Milton Keynes, MK11 3LW, UK
UKHW020518180726
13839UKWH00005B/2160

9 782329 470924